W0304614

Janine Hissel

MEGALÄSTIG MEGALECKER MEGAGESUND

30 Unkraut-Rezepte mit & gegen Brennnessel, Löwenzahn und Giersch

INHALT

GIERSCH 37

LÖWENZAHN 63

SERVICE 89

ALLES EINE FRAGE DER SICHTWEISE

Verhasstes „Un"kraut

Viele Gartenbesitzer meckern ständig über das Unkraut, das von Nachbargärten herüberwächst, in denen alles verlottert, und von denen, oje, auch schon mal Samen herübergeflogen kommen, die unerwünschte Pflanzen hervorbringen könnten.

Im allgemeinen Sprachgebrauch werden nämlich die Pflanzen als Unkraut bezeichnet, die in irgendeiner Form unerwünscht sind. Denn eines können all die „Un"-Kräuter: Sie verbreiten sich rasant schnell und können bereits in kurzer Zeit erstaunlich große Flächen bedecken. Im schlimmsten Fall breiten sich die wuchsstarken Pflanzen so weit aus, dass sie andere Arten völlig verdrängen.

Wildkraut, Superfood oder Heilkraut

Die sozialen Medien sind voll des Lobes über Wildkräuter – unser regionales Superfood, das auch noch völlig kostenlos vor unserer Haustür wächst.

Ich selber bin mit dem bekannten Spruch von Johann Künzle aufgewachsen: „Wenn die Menschen die Unkräuter vor ihrer Haustür anstatt sie auszureißen nun mal essen würden, wären sie nicht nur ihr Unkraut los, sondern außerdem auch noch gesund!" Einer der Gründe dafür sind die sekundären Pflanzenstoffe, die das Überleben der Pflanzen sichern und bei uns Menschen das Risiko zur Entstehung verschiedener Krankheiten verringern können.

Die meisten Wildkräuter nehmen eine wichtige Funktion in der Natur ein und tragen zur Artenvielfalt bei. Zahlreiche Insekten, so zum Beispiel unsere geliebten Bienen, sind auf diese Pflanzen angewiesen.
Viele Wildkräuter haben sogar heilende Wirkungen und gelten daher als Heilkräuter.

Das Tagpfauenauge wird auch „Nesselfalter“ genannt, da seine Raupen ausschließlich Brennnesseln fressen.

Beikraut

Fragen wir den Biobauern nach den gleichen Pflanzen (die er nicht mit Absicht gepflanzt oder gesät hat), wird er sie als Beikräuter bezeichnen. Beikräuter schützen den Boden: Durch ihre Durchwurzelung lockern sie ihn, sorgen für ein chemisches und biologisches Gleichgewicht und schützen vor Erosion. Zudem wird durch Beikräuter die Bodenfeuchte gehalten und auch für die biologische Schädlingsbekämpfung sind sie ungemein wichtig.

Jäten sollte man sie so wenig wie möglich, aber so viel wie nötig.

Unkraut jäten oder Superfood ernten: beim Löwenzahn ist es ein und dasselbe.

UNERWÜNSCHTE KRÄUTER LOSWERDEN

Wildkräuter sind absolute Überlebenskünstler, sie können sich mit allen möglichen Gegebenheiten arrangieren und kommen auch schon mal mit einem Fitzelchen Erde in Mauerritzen klar.

Hast du schon mal „Unkraut loswerden" gegoogelt? Alle möglichen Hausmittelchen, Rezepte und Tricks werden dir hier gezeigt. Die chemische Keule als einfache schnelle und bequeme Möglichkeit wird dir natürlich auch immer angeboten – egal, wie umweltschädlich oder gar verboten der Einsatz auch sein sollte. Da wird immer von Artenvielfalt gesprochen, aber bitte nicht im eigenen Garten!

Mechanisch entfernen

Das Hacken und Jäten von Unkraut gehört gerade im Frühjahr, aber auch während der Saison, immer wieder zu den wichtigsten Aufgaben eines jeden Hobbygärtners. Die Werkzeuge dabei sind ein simpler Grubber, eine handliche Hacke und ein Unkrautstecher. Achte beim Entfernen des Unkrauts möglichst darauf, alle Wurzelteile zu erwischen, da die Pflanzen auch aus kleinsten Wurzelresten neu austreiben können.

Haushaltstricks

- Normalerweise der Haushaltstrick Nummer 1: Essig, Salz oder Natron. Wenn es um den Garten geht, solltest du aber von diesen Mitteln die Finger lassen! Sie sind nämlich ähnlich schädlich für den Boden wie chemische Unkrautvernichter und deshalb in vielen Bundesländern sogar verboten.
- Omas Trick: Kartoffelwasser. Das enthält viel Stärke und verstopft damit die Pflanzenporen, so dass die Gewächse einfach absterben! Auch das übrig gebliebene Kochwasser von Nudeln und Reis wirkt hier Wunder.

ALTERNATIVE ZUM VERNICHTEN: UNKRAUT NUTZEN ODER EINFACH AUFESSEN!

Du hast keine Lust mehr, dich über die Unkräuter im Garten zu ärgern? Dann mach dir die Pflanzen doch einfach zunutze!

TIPPS UND TRICKS FÜR DIE ERNTE

Wo, wie und wann wird geerntet?

Wo?

Wenn du dich jetzt fragst, wo du unsere tollen Wildkräuter am besten ernten kannst, gibt es leider keine überall passenden Regeln. Am besten

In einem luftigen Korb bringst du die Ernte frisch nach Hause.

und einfachsten wäre hier natürlich der eigene Garten, aber wenn das nicht möglich ist, solltest du nach Stellen suchen, die abseits liegen von:

- Naturschutzgebieten,
- viel befahrenen Straßen,
- beliebten Hunde-Gassi-Strecken,
- konventionell bestellten Äckern.

Wie?

Wildkräuter sollte man besser nicht ab- oder ausreißen, sondern mit einer Schere oder einem Messer abschneiden. In einem Korb oder einem Baumwollbeutel kann man sie sicher nach Hause transportieren, wo sie dann möglichst schnell verarbeitet werden. Zur längeren Lagerung sind unsere Wildkräuter leider nicht geeignet, aber kurz lassen sie sich in einem feuchten Tuch eingehüllt im Kühlschrank aufheben.

Wann?

- Das Frühjahr und der frühe Sommer sind die besten Jahreszeiten, um Wildkräuter zu ernten und zu essen. Sie sind dann meist noch zart und enthalten weniger Bitterstoffe, als später im Jahr.
- Bei Wildkräutern, die du essen möchtest, ist es ziemlich egal, ob du sie morgens, mittags oder abends erntest. Es spielt auch keine Rolle, ob es gerade geregnet hat.
- Blüten von Wildkräutern solltest du um die Mittagszeit ernten und möglichst in trockenen Zeiten, wenn es schon mindestens einen Tag nicht geregnet hat.

BRENNNESSEL

Autsch, wie das kribbelt und sticht! Fast jeder, der gern auf Wiesen und im Wald spazieren geht, hat schon mal schmerzhaft Bekanntschaft mit der Brennnessel gemacht – kein Wunder, dass die widerspenstige Pflanze kein allzu positives Image hat. Das sollte sich definitiv ändern!

SO SIEHT SIE AUS

Bestimmt hast du dir die Brennnessel mal genauer angeschaut, nachdem sie dir ein unangenehmes Brennen auf der Haut verursacht hat.

Die Brennnessel kommt in Mitteleuropa fast überall häufig vor und wächst meistens in Gruppen und oft auf bearbeitetem, nährstoffreichem Boden. Daher ist sie oft ein Kulturfolger und begleitet die Menschen in ihre Dörfer und Städte.

Sie ist eine mehrjährige Pflanze und zweihäusig – es gibt also weibliche und männliche Exemplare. Sie wird bis zu 1 m hoch.

Die Blätter...

- sind spitz-eiförmig bis rundlich,
- sind mit Brennhaaren besetzt,
- haben einen gezähnten Rand,
- wachsen kreuzgegenständig.

Die Stängel...

- sind oft vierkantig,
- wachsen aufrecht und meist unverzweigt.

Die Blüten...

- erscheinen meist von Juni bis September,
- sind grün-gelblich und recht unscheinbar,
- stehen in rispenartigen Blütenständen, weibliche hängen herab, männliche stehen seitlich ab.

Die Samen...

- entwickeln sich aus den weiblichen Blüten zwischen August und Oktober,
- sind anfänglich grün, später grünlich-braun und eckig,
- sind in schweren und dichten Rispen angeordnet, die herabhängen.

Die Wurzeln...

- sind bis zu 70 cm tief.

NICHT VERWECHSELN

Brennnesseln können vielleicht auf den ersten Blick mit Pflanzen, die ebenso kreuzgegenständige, behaarte Blätter haben, verwechselt werden, aber Brennhaare hat nur die Brennnessel, also im Zweifel einfach mal zupacken. Die Brennnessel wird sich eindeutig zu erkennen geben. Sie ist schließlich bewaffnet!

SCHWARZNESSEL

- stinkt widerlich beim Zerreiben der Blätter,
- unterscheidet sich durch ihre hellvioletten Lippenblüten, die gestielt in den Achseln der Stängelblätter wachsen.

WALD-ZIEST

- riecht zerrieben unangenehm,
- unterscheidet sich durch seine braunroten Lippenblüten mit gemusterter Unterlippe.

Taubnessel

- unterscheidet sich eindeutig durch die weißen, gelben oder rosafarbenen, zweigeteilten Lippenblüten, die in Quirlen an den Stängeln sitzen.

DAS VERWECHSELN MIT DER TAUBNESSEL …

… könnte sogar eine wohlschmeckende Überraschung werden, denn Taubnesseln sind auch megalecker.

SONNENSEITEN DER LÄSTIGEN BRENNNESSEL

Wäre sie nicht so lästig, wäre sie wahrscheinlich total angesagt. An Vielseitigkeit ist sie wirklich kaum zu übertreffen.

Gesund, heilend, den Boden nährend...

Als Nahrungsmittel begeistert sie durch ihre wertvollen Eiweiße besonders Vegetarier, Veganer und Bodybuilder und sie ist ein kleines Wunderpaket voller Mineralstoffe, Vitamine und Spurenelemente.

Du kannst sie zudem als Heilkraut gegen mancherlei Wehwehchen einsetzen und sie macht auch noch schön.

Schließlich ist sie sogar ein hervorragendes Düngemittel für den Garten, für viele Schmetterlingsraupen die wichtigste Futterpflanze und eine alte Färberpflanze.

Wundert es dich jetzt nicht auch, dass die Brennnessel bei dieser Vielseitigkeit von vielen Menschen so eisern bekämpft wird? Mit Hacke, Spaten, Pflug und Chemikalien rückt man ihr zu Leibe – meist erfolglos, da ihr ausuferndes Wurzelgeflecht immer wieder neue Pflanzen entstehen lässt. Sehr viel intelligenter wäre es also, wenn man das unvergleichliche Geschenk der Natur einfach nutzen würde.

...und so lecker

Abgesehen von den oben genannten Eigenschaften ist die Brennnessel auch noch so unglaublich lecker, dass kein Sternekoch an ihr vorbeikommt.

Vor den Brennhaaren der Brennnessel muss sich beim Essen übrigens niemand fürchten. Zwar sollten zur Ernte Handschuhe getragen werden, da schon bei einer leichten Berührung die Brennhaare brechen können und daraufhin ihre brennenden Substanzen freigeben. Sobald die Brennnessel jedoch verarbeitet wird, verflüchtigt sich die brennende Wirkung

Wehrhaft und zäh, aber so köstlich und gesund:
die Brennnessel.

der Brennhaare. Auch roh im Salat schmeckt die Brennnessel köstlich und bereits das Dressing führt zur Deaktivierung der Brennhaare. Sicherheitshalber solltest du aber die Pflanze vor der Verarbeitung zu Salaten einfach mal mit einem Nudelholz walzen.

Am besten schmecken die jungen Brennnesseln im Frühjahr, dann kannst du das komplette oberirdische Grün verarbeiten, später im Jahr erntest du einfach die jungen Triebspitzen, das sind meist die oberen 3 Blattpaare. Ab August stehen die Samen dann zur Ernte bereit. Auf den folgenden Seiten findest du einige Rezepte, wie du sie dir zunutze machen kannst.

VORSICHTIG PFLÜCKEN

Bei der Ernte von Brennnesseln solltest du Gartenhandschuhe tragen. Falls du aber mal keine Handschuhe dabeihast und dich nicht vor der ein oder anderen Berührung mit den brennenden Härchen der Brennnessel fürchtest, pflücke die Blätter von unten nach oben streichend.

BRENNNESSEL ZUM VERPUTZEN

Wenn du kreativ bist, kannst du in deinen eigenen Rezepten zum Beispiel Spinat gegen die Brennnessel austauschen. Oder du probierst einfach mal die folgenden Rezepte aus. Du wirst dich wundern, wie vielfältig die Brennnessel verwendet werden kann!

GRÜNER SMOOTHIE

Ein Powerdrink – superschnell und raffiniert mit wenigen Zutaten

Zubereitungszeit: ca. 10 Minuten

Für 500 ml

1 Orange

1 Banane

1 Handvoll Brennnesseln

250 ml Wasser

50 g Joghurt

Etwas Zitronensaft

- Orange und Banane schälen und in Stücke schneiden.
- Haushalts-Handschuhe anziehen. Brennnesseln waschen und grob hacken.
- Alle Zutaten im Standmixer auf höchster Stufe mixen und abschmecken.
- Eventuell noch etwas Zitronensaft zugeben. Falls der Smoothie zu dickflüssig ist, noch etwas mit Wasser verdünnen.
- Am besten gleich servieren und mit einem Löffel genießen.

AUCH LECKER

Tausche Orange oder Banane gegen dein Lieblingsobst aus oder probiere mal einen Smoothie mit Giersch oder Löwenzahn.

WILDE STAMPFKARTOFFELN

Megalecker und so schön grün auf dem Teller

Zubereitungszeit: ca. 30 Minuten

Für 4 Portionen

1 kg Frühkartoffeln

2 TL Salz

5 Handvoll Brennnesseln

125 ml Milch

125 ml Sahne

50 g Butter

1 Prise Muskatnuss, frisch gerieben

- Kartoffeln schälen und in Salzwasser 25 Minuten kochen.
- Haushalts-Handschuhe anziehen. Brennnesseln waschen, grob hacken und mit der Milch in einem hohen Gefäß mit dem Stabmixer pürieren, mit der Sahne verrühren und in einem Topf erhitzen.
- Kartoffeln stampfen, mit der Wildkräuter-Sahne und der Butter vermischen.
- Mit Muskatnuss und eventuell noch etwas Salz abschmecken und servieren.

VARIATIONEN

- Die grünen Stampfkartoffeln kannst du auch mit Giersch oder Löwenzahn oder aus einer Mischung der drei Mega-Unkräuter machen. Achte nur darauf, dass du insgesamt 5 Handvoll Unkräuter verarbeitest.
- Mit einem leckeren Salat hast du sogar ein vollwertiges Veggi-Essen.

BRENNNESSEL-PANCAKES

So verpackt schmeckt Brennnessel jedem!

Zubereitungszeit: ca. 30 Minuten + 15 Minuten Ruhezeit

Für 10 Stück

30 g Butter

150 g Dinkelmehl (Typ 630)

2 TL Backpulver

1 Prise Salz

2 Eier

2 Handvoll Brennnesseln

150 ml Buttermilch

50 g Joghurt

2 EL Honig (oder mehr nach Belieben)

Rapsöl zum Ausbacken

- Die Butter schmelzen, Mehl mit Backpulver und Salz in einer Schüssel vermischen.
- Eier aufschlagen und schaumig rühren.
- Haushalts-Handschuhe anziehen. Brennnesseln waschen und grob hacken, mit Buttermilch und Joghurt in eine hohe Schüssel geben und alles mit einem Stabmixer pürieren.
- Mehlmischung, Eier, Honig und zuletzt die flüssige Butter dazugeben und verrühren, den Teig ca. 15 Minuten ruhen lassen.
- Öl in einer Pfanne auf mittlerer Stufe erhitzen, je 1 Schöpfkelle Teig in die Pfanne geben und die grünen Pancakes backen. Sobald sich kleine Bläschen bilden, wenden und backen, bis sie leicht gebräunt sind.
- Im warmen Backofen warmhalten, bis alle Pancakes gebacken sind, und sofort servieren.

FRITTIERTE BRENNNESSELBLÄTTER

Megalecker als Snack zu einem Glas Bier oder Wein

Zubereitungszeit: ca. 20 Minuten

Für 2 Portionen

4 Handvoll Brennnesselblätter

100 g Dinkelmehl Typ 630

1 Ei

50 ml Bier

Je 1 Prise Salz und Pfeffer

Rapsöl zum Frittieren

- Haushalts-Handschuhe anziehen. Brennnesselblätter waschen, auf einem Küchentuch abtropfen lassen, trockentupfen.
- Mehl in einer Schüssel mit dem Ei und Bier zu einem geschmeidigen Teig verrühren, mit Salz und Pfeffer würzen.
- Öl in einer tiefen Pfanne auf mittlerer Stufe erhitzen.
- Blätter in den Teig tunken und im heißen Öl ausbacken, herausnehmen, auf einem Küchentuch abtropfen lassen und als Snack servieren.

LECKERES MIT BRENNNESSELSAMEN

BRENNNESSELSAMEN-SALZ

Ein Superfood-Salz

Zubereitungszeit: ca. 5 Minuten

Für ca. 100 g Salzmischung

1 Handvoll getrocknete Brennnesselsamen

1 Handvoll grobes Meer- oder Steinsalz

- Die Brennnesselsamen kurz in einer Pfanne bei mittlerer Hitze ohne Fett anrösten.
- Samen 1 : 1 mit Salz mischen und in eine Salzmühle füllen.

BRENNNESSELSAMEN-HONIG

Megaleckerer und gesunder Brotaufstrich

Zubereitungszeit: ca. 5 Minuten

Für ca. 100 g Honigmischung

1 Handvoll getrocknete Brennnesselsamen

50 g Honig

- Die Brennnesselsamen kurz in einer Pfanne bei mittlerer Hitze ohne Fett anrösten.
- Samen mit dem Honig mischen und in ein Honigglas füllen.

BRENNNESSELSAMEN-ERNTE

Gesammelt werden die Fruchtstände mit den Samen vom Spätsommer bis zum Herbst. Suche die weiblichen Pflanzen aus – du erkennst die Fruchtstände daran, dass sie grün oder braun sind und herabhängen. Schneide die Samenbüschel mit einer kleinen Schere ab und trockne sie an einem warmen Ort oder röste sie in einer fettfreien Pfanne. Die Samen fallen von alleine ab und halten sich trocken aufbewahrt bis zu 1 Jahr.

BRENNNESSEL GEGEN WEHWEHCHEN

Entgiftung, Entwässerung, Hilfe bei Gicht und Rheuma – das und noch viel mehr kann die Brennnessel für uns tun. Sowohl die Blätter als auch die Samen und die Wurzel sind sehr nützlich gegen allerlei Beschwerden. In Form eines Tees oder als Pulver leistet uns die Pflanze ausgezeichnete Dienste.

WÜRZIGER, HEILSAMER BRENNNESSELTEE

Brennnesseltee wird in erster Linie zur Abfuhr von eingelagertem Wasser aus den Körperzellen angewendet. Die erhöhte Harnproduktion durch Anregung der Nieren hilft dabei, Giftstoffe (zum Beispiel nach längerer Medikamenteneinnahme) schneller loszuwerden. Durchspülungstherapien mit Brennnesseltee reinigen und stärken die Harnwege durch das enthaltene Kalium.

Zubereitungszeit: ca. 5 Minuten

Für 2 Becher Tee

1 Handvoll junge Brennnesselblätter (frisch vor der Blüte geerntet)

500 ml kochendes Wasser

- Die Brennnesselblätter mit dem kochenden Wasser übergießen und abgedeckt 10 Minuten ziehen lassen.
- Abseihen und den Tee genießen, eventuell mit Honig gesüßt.

Dosierung

Als Frühjahrs- oder Herbstkur kannst du diesen Tee dreimal täglich für 3–4 Wochen trinken.

BRENNNESSELSAMEN – DAS SUPERFOOD

Die Samen der Wunderpflanze sind wahre Powerkörner. Nicht nur Sportler, Veganer und Vegetarier profitieren von der Wirkung und den Inhaltsstoffen der Brennnesselsamen. Gicht und Rheuma, Bluthochdruck und Störungen des Verdauungstraktes, Leistungsschwäche und Müdigkeit – Brennnesselsamen helfen bei sehr vielen Beschwerden.

Zeitaufwendig, aber lohnenswert

Haushalts-Handschuhe

Kleine Gartenschere

- Handschuhe anziehen und die Brennnesselsamenbüschel vom Spätsommer an bis in den Herbst hinein einzeln von der Pflanze abschneiden.
- Die Samenbüschel sofort nach dem Sammeln trocknen, da sie sonst leicht schimmeln. Dies sollte aber sanft bei weniger als 40 °C geschehen, da sonst wertvolle Inhaltsstoffe verloren gehen. An warmen Tagen einfach auf einem Tuch an einem schattigen Platz trocknen, ansonsten eignet sich der Backofen sehr gut.
- Die getrockneten Samen fallen meist von alleine ab, ansonsten leicht mit behandschuhten Händen abstreifen.

VIELSEITIGE SAMEN

Sie schmecken leicht nussig und passen gut zu Salaten, Suppen, Quark, Frischkäse, Müsli oder Smoothies. Täglich 1 TL ist optimal. In der trockenen Pfanne etwas angeröstet schmecken sie noch besser, verlieren durch die Hitze aber leider auch einen Teil der tollen Inhaltsstoffe.

BRENNNESSEL MACHT DIE HAARE SCHÖN

Seidig glänzende Strähnen, die frisch und duftig fallen, sind ein Traum – der sich bei Menschen mit schuppigem, fettigem Haar allerdings oft innerhalb weniger Stunden in Luft auflösen kann. Dagegen sind Shampoos und Haarwasser mit Brennnesselextrakt ideal, denn das Kraut arbeitet mit einem raffinierten Kombitrick. Die in der Brennflüssigkeit enthaltenen Säuren halten einen Kopfhautpilz in Schach, der an der Schuppenbildung mitwirkt, und fördern die Durchblutung der Haarwurzel, so dass sie kräftigen Nachwuchs produzieren. Gerbstoffe drosseln den Talgfluss, dadurch pappen die Haare nicht an der Kopfhaut fest und fetten nicht so schnell nach – so sind dir Schuppen und fettige Haare schnell schnuppe!

GRÜNE HAARSPÜLUNG

Schnell gemacht und äußerst wirkungsvoll für glänzendes, volles Haar – ideal für dunkles Haar, da Brennnessel dunkel nachfärbt.

Zubereitungszeit: ca. 5 Minuten + 15 Minuten Ziehzeit

Für 1 Haarspülung

2 Handvoll junge Brennnesselblätter

1 l Wasser

- Brennnesselblätter mit dem kochenden Wasser übergießen und 15 Minuten ziehen lassen, mit einem Küchensieb abfiltern.
- Die Spülung über das frisch gewaschene Haar gießen, sanft einmassieren und nicht ausspülen.

BRENNNESSELN FÄRBEN EIER SCHÖN… GRÜNGELB!

Für wunderschöne, natürlich gefärbte Ostereier

Zubereitungszeit: ca. 40 Minuten

6 weiße Eier

3 EL Essig

3 Handvoll Brennesselblätter (je mehr, desto intensiver die Farbe)

1,5 l Wasser

1 EL Öl

- Die Eier waschen und mit einem essiggetränkten Tuch abreiben.
- Brennnesselblätter in ca. 1,5 l Wasser aufkochen und 15 Minuten ziehen lassen.
- 2 EL Essig und die Eier zufügen und 15 Minuten leicht köcheln lassen, herausnehmen und mit etwas Öl einreiben, damit sie schön glänzen.

WOLLE UND NATURTEXTILIEN MIT BRENNNESSELN SCHÖN MAISGELB FÄRBEN

Um 200 g Wolle oder Stoff zu färben, benötigst du 200 g Brennnesselblätter, die du in 5 l Wasser aufkochen und dann abkühlen lässt. Nachdem du die Brennnesseln abgefiltert hast, gibst du deine vorgebeizten Textilien (das geht einfach mit Sojamilch oder Natron oder Essigessenz) in den Farbsud, erhitzt alles nochmal kurz auf 70 °C, stellst dann die Herdplatte aus und lässt es unter gelegentlichem Umrühren 1 Tag ziehen. Nur noch auswaschen und fertig ist dein natürlich gefärbtes Material.

GIERSCH

Der Gärtnerschreck ist so unverwüstlich, dass man sich besser nicht über ihn ärgern sollte! Manchmal wird er auch Geißfuß genannt, weil das Blattstielende so aussieht, wie der Fuß einer Geiß (Ziege). Am besten erntest du ihn regelmäßig und zügelst damit seine Ausbreitungswut.

SO SIEHT ER AUS

Die Zahl Drei solltest du dir merken, wenn du den Giersch sicher erkennen möchtest: seinen dreikantigen Stängel, seine dreigeteilten Blätter und seinen dreieckigen Blattumriss.

Der Giersch ist eine kräftige, mehrjährige Staude, die sich gerne bodendeckend ausbreitet und 30–100 cm hoch wird. Der sicherlich bekannteste Doldenblütler erfreut uns dann im frühen Sommer mit einem hübschen weißen Blütenstand.

Die Blätter...

- duften stark nach Petersilie, Karotte oder Sellerie,
- sind grün – junge Blätter hellgrün und glänzend, ältere dunkelgrün und stumpf,
- haben einen Blattstiel und eine dreigeteilte Blattspreite, deren Fiederblättchen eiförmig-länglich sind, ihr Rand ist zackig gestaltet, ihr Ende spitz zulaufend,
- sind wechselständig am Stängel angeordnet.

Die Stängel...

- sind dreikantig und im unteren Bereich hohl.

Die Blüten...

- erscheinen ab Mai in weißen Blütendolden mit bis zu 20 kleinen, weißen, strahligen Blüten.

Die Samen...

- entwickeln sich ab Juli als kümmelähnliche, zweiteilige Spaltfrucht,
- sind eiförmig bei einer Länge von ca. 3 mm.

Die Wurzeln...

- bilden ein weitläufiges Ausläufergeflecht.
- sind ca. 3 mm dick und weißlich.

NICHT VERWECHSELN

Bitte genau hinschauen! Es gibt einige weiße Doldenblütler, darunter auch einige giftige Vertreter, die oberflächlich betrachtet mit dem Giersch verwechselt werden können. Die Alleinstellungsmerkmale sollten zur Bestimmung des Giersch genau beachtet werden.

Gefleckter Schierling

- hat rote bis rötlich-braune Flecken am Stängel,
- riecht unangenehm stechend nach Mäuse-Urin.

WASSERSCHIERLING

- wächst vorwiegend in langsam fließenden bis stehenden Gewässern,
- beim Anschneiden tritt eine gelbliche Flüssigkeit aus dem Stängel aus.

KÄLBERKROPF

- hat am dunkelrot befleckten Stängel keulenartige Verdickungen bei den Abzweigungen.

HUNDSPETERSILIE

- hat wesentlich feiner gefiederte Blätter.

SONNENSEITEN DES LÄSTIGEN GIERSCH

Als Gratis-Gemüse ist der Giersch geradezu genial – megagesund, megalecker und vor allem immer wieder nachwachsend! Die ersten gelb-grünen Blätter des Frühjahrs vertreiben durch das Riesenpaket an Nährstoffen jegliche Form von Frühjahrsmüdigkeit und Trägheit.

Vitaminreich, heilsam gegen Gicht...

Giersch ist eine wahre Vitaminbombe: Er enthält zum Beispiel mehr als doppelt so viel Vitamin C wie eine Zitrone, außerdem Vitamin A und noch jede Menge tolle Mineralstoffe wie Kalium, Magnesium und Calcium, außerdem Eisen und Kupfer. Durch diesen Gehalt an Mineralien wirkt die Heilpflanze basisch, fördert den Stoffwechsel und entsäuert den Körper.

Giersch gilt als krampflösend und entzündungshemmend. Außerdem wirkt er leicht harntreibend und wird wegen all dieser Eigenschaften gegen Gicht eingesetzt.

...und so lecker

Der Giersch ist so lecker und wird nicht umsonst auch liebevoll als Waldpetersilie bezeichnet. Sein Geruch und Geschmack erinnern etwas an Petersilie oder doch an Möhren? Er ist würzig, aromatisch und frisch. Die Blüten schmecken süßlich.

Die Samen sind frisch und getrocknet ein tolles Gewürz.

KAUM LOSZUWERDEN

Wer Giersch im Garten hat, sollte sich nicht ärgern, sondern ihn als Gratis-Gemüse nutzen, denn er ist schwer zu vertreiben: Wenn beim Jäten nur ein kleines Stückchen Wurzel übrig bleibt, treibt er wieder aus. Es gibt lediglich einige Stauden, die es bodendeckend mit dem Giersch aufnehmen können. Dazu gehören der Frauenmantel, das Purpurglöckchen und die Elfenblume.

GIERSCH ZUM VERPUTZEN

Die ersten gelbgrünen, glänzenden Blätter mit den Stielen sind im Frühjahr am schmackhaftesten und nährstoffreichsten, man kann sie aber eigentlich das ganze Jahr über ernten. Sie können roh als Salat, im Kräuterquark, in der Kräuterbutter, dem Pesto oder im Smoothie verarbeitet werden. Gegart finden sie Einzug in Suppen, Gemüse und Füllungen von Pasta oder Quiches. Ab Mai erscheinen die Blüten und ab Juli die Samen, die toll als Gewürz eingesetzt werden können.

GRÜNER FRISCHKÄSE

Für Frühlingsgefühle auf frischem Brot

Zubereitungszeit: ca. 15 Minuten

Für 4 Portionen

3 Handvoll Gierschblätter mit Stielen
250 g Frischkäse
2 EL Sahne
Etwas Zitronensaft
Salz, Pfeffer aus der Mühle

- Giersch waschen, trocknen und fein hacken.
- Frischkäse mit Sahne, Zitronensaft, je ½ TL Salz und Pfeffer verrühren und den gehackten Giersch untermischen.

AUCH LECKER

Für einen würzigen Giersch-Quark tauschst du den Frischkäse einfach gegen Quark aus.

WILDE GRÜNE KARTOFFELSUPPE

Der würzige Giersch passt super zur Kartoffelsuppe

Zubereitungszeit: ca. 30 Minuten

Für 4 Portionen

1 Zwiebel

750 g mehlig kochende Kartoffeln

2 Handvoll Gierschblätter mit Stielen

20 g Butter

1 l Gemüsebrühe

3 EL Crème fraîche

Salz und Pfeffer

- Zwiebel pellen und Kartoffeln schälen und beides in Würfel schneiden.
- Giersch waschen, trocknen und fein hacken, einige kleine Blätter zur Dekoration beiseitelegen.
- Zwiebel und Kartoffeln in einem Topf in Butter anschwitzen.
- Mit Gemüsebrühe aufgießen und ca. 15 Minuten leicht köcheln.
- Wenn die Kartoffeln gar sind, die Hälfte des gehackten Giersch dazugeben und alles mit dem Stabmixer pürieren. Mit Salz und Pfeffer abschmecken.
- Crème fraîche und den restlichen zerkleinerten Giersch unterrühren.
- Die Suppe mit den beiseitegelegten Blättern als schöne Dekoration servieren.

NOCH EIN BROT-PARMESAN-TOPPING DAZU?

Du willst die Suppe noch würziger machen und hast ein Brötchen übrig und etwas Parmesan im Kühlschrank? Dann zerkleinere das Brötchen, reibe eine gute Portion Parmesan und vermische beides mit Öl, Salz und Pfeffer. Heize den Backofen auf 200 °C Ober-/Unterhitze vor und backe den Brötchen-Parmesan-Mix auf einem Blech im Ofen ca. 8 Minuten. Mit den beiseitegelegten Gierschblättern als Topping servieren. Hmmm lecker!

Giersch-Gemüse

Tolles, supergesundes und leckeres Gemüse

Zubereitungszeit: ca. 20 Minuten

Für 4 Portionen als Beilage

5 Handvoll Gierschblätter mit Stielen

1 kleine Zwiebel

1 EL Rapsöl

100 ml Gemüsefond

2 EL Sahne

Je ½ TL Salz und frisch gemahlenen Pfeffer

1 Prise Muskat

- Den Giersch waschen, trockenschleudern und grob hacken.
- Zwiebel pellen und würfeln, in einem Topf bei mittlerer Hitze in Öl andünsten, Giersch zugeben und einige Minuten mitdünsten, Gemüsefond daraufgeben und 5 Minuten ohne Deckel kochen lassen.
- Sahne dazugeben, mit Salz, Pfeffer und Muskat würzen und servieren.

AUCH LECKER

Super schmeckt auch eine Kombination aus Brennnessel und Giersch.

WILDE GRÜNE TURBO-BRÖTCHEN

Innen fluffig, außen knusprig – und kinderleicht gemacht

Zubereitungszeit: ca. 10 Minuten (plus 30 Minuten Backzeit)

Für 6 Brötchen

2 Handvoll Gierschblätter mit Stielen

100 ml Milch

250 g Dinkelmehl (Typ 1050)

1 Packung Backpulver

1 TL Salz

- Backofen auf 180 °C Ober-/Unterhitze vorheizen.
- Giersch waschen, grob hacken und in der Milch mit einem Stabmixer pürieren.
- Mehl mit Backpulver und Salz vermischen, die grüne Milch dazugeben und alles mit dem Handrührgerät verkneten.
- Mit nassen Händen Brötchen daraus formen, mit einem Messer einschneiden und auf ein mit Backpapier ausgelegtes Backblech legen.
- 30 Minuten backen, etwas auskühlen lassen und genießen.

BRÖTCHENKRANZ

Die geformten Brötchen in verschiedenen Saaten deiner Wahl (z. B. Mohn, Sesam, Sonnenblumenkerne) wälzen, in eine mit Backpapier ausgelegte Springform (26 cm Durchmesser) legen, sodass sie sich nicht berühren, und 30 Minuten backen. Der Kranz eignet sich toll als Mitbringsel zur Grillparty.

Wiesen-Limonade

Gut gekühlt ein erfrischender Sommerdrink

Zubereitungszeit: ca. 5 Minuten (plus einige Stunden Ziehzeit)

Für 750 ml Limonade

5 Stängel Giersch
½ Bio-Zitrone
500 ml Apfelsaft
250 ml Mineralwasser

- Giersch waschen und zu einem Sträußchen zusammenbinden.
- Zitrone waschen und in Scheiben schneiden.
- Apfelsaft in einen Krug füllen, das Kräutersträußchen und die Zitronenscheiben dazugeben und über Nacht im Kühlschrank ziehen lassen.
- Vor dem Servieren den Giersch entfernen und die Limonade mit kaltem Mineralwasser auffüllen.

Giersch-Salz

Herrlich würzig

Zubereitungszeit: ca. 10 Minuten (plus Trocknungszeit)

Für ca. 120 g Kräutersalz

2 Handvoll Gierschblätter mit Stielen
½ Bio-Zitrone
100 g Steinsalz

- Giersch waschen und grob hacken.
- Zitrone waschen und Zitronenschale abreiben.
- Giersch mit Zitrone und Salz vermischen.
- Das grüne Salz auf einem Backpapier verteilen und an der Luft oder im Backofen bei niedriger Temperatur trocknen. Der Backofen sollte während der Trockenzeit einen Spalt geöffnet sein.
- Die festen, getrockneten Salzklumpen nochmals mixen und in Gläser füllen.

GIERSCH GEGEN WEHWEHCHEN

Der Giersch – *Aegopodium podagraria* – trägt seine Wirkung im Namen, denn *podagraria* bedeutet „Gicht heilend“. So wird er in der Volksmedizin erfolgreich bei Übersäuerung, Gicht- und Gelenksbeschwerden eingesetzt.

BADEZUSATZ BEI RHEUMA, GICHT UND HEXENSCHUSS

Ein Viertelstündchen in einem Giersch-Bad kann herrlich entspannend sein

Zubereitungszeit: 20 Minuten

5 Handvoll Gierschblätter mit Stielen

Etwa 2 l Wasser

- Gierschblätter waschen und grob hacken.
- Wasser in einen großen Topf füllen, Giersch dazugeben, aufkochen lassen und zugedeckt 15 Minuten ziehen lassen.
- Abseihen und den Sud ins Badewasser geben.

AUCH GESUND

Die äußere Behandlung kann durch das Trinken von Giersch-Tee begleitet werden.
Für den Tee 250 ml kochendes Wasser über 2 EL Gierschblätter geben, 10 Minuten ziehen lassen, abseihen und trinken.

GIERSCH-SALBE

Ein altes Hausmittelchen gegen Rheuma und Gicht, das ruckzuck gemacht ist. Einfach bei Bedarf auf die schmerzende Stelle auftragen.

Zubereitungszeit: 30 Minuten

1 Handvoll Gierschblätter mit Stielen

2 EL Kokosöl

5 Tropfen naturreines ätherisches Lavendelöl

Salbendöschen

- Giersch waschen und fein hacken.
- Kokosöl in einem kleinen Topf bei mittlerer Temperatur schmelzen lassen, Giersch dazugeben, auf 70° C erhitzen, die Temperatur auf 55 °C absenken und bei gelegentlichem Umrühren 15 Minuten ziehen lassen.
- Pflanzenteile durch einen Kaffee- oder Teefilter abfiltern, das Öl auf Körpertemperatur abkühlen lassen, ätherisches Öl dazugeben (kann auch weggelassen werden), in ein Döschen füllen und offen vollständig abkühlen lassen.
- Verschließen und beschriften. Kühl aufbewahrt hält die Salbe ca. 1 Jahr.

SCHNELLE HILFE FÜR UNTERWEGS

Du bist von einer Mücke gestochen worden oder hast einen Sonnenbrand? Frisch zerriebene Gierschblätter, auf die betroffenen Hautstellen aufgelegt, können megaschnell helfen.

GIERSCH MACHT SCHÖN

Die wunderschönen weißen Doldenblüten kannst du im Frühsommer bei einem Spaziergang pflücken und dein Zuhause damit verschönern.

JE NACH EINRICHTUNGSSTIL...

- ...kurzgeschnitten in verschiedene niedrige Gefäße dekoriert, werden sie ein charmantes Stillleben. Der romantische Charakter kann mit gebundenen Schleifenbändern um die Gefäße verstärkt werden.
- ...einzeln und langstielig in schmalen hohen Gefäßen wirken sie modern und luftig.
- ...als Kranz gebunden (die Anleitung findest du auf Seite 84), in eine mit Wasser gefüllte Schale gelegt, ein Windlicht mit einer Kerze in die Mitte gestellt – und schon hast du eine tolle Tischdeko für einen lauen Sommerabend, die zu jedem Einrichtungsstil passt.

LÄNGER FRISCH

Vergiss nicht, die Stiele schräg anzuschneiden, bevor du sie ins Wasser stellst. Das erweitert die Fläche, durch die Wasser aufgesogen werden kann und sie bleiben länger frisch!

Sommerlich dekoriertes Windlicht

An lauen Sommernächten ein echter Hingucker und eine schöne Beleuchtung für Balkon oder Garten

Bastelzeit: ca. 20 Minuten

2 Windlichter, die man ineinander stellen kann

1 Stumpenkerze, die in das kleine Windlicht passt

Einige Giersch-Blütendolden mit unterschiedlich langen Blütenstängeln

- In das große äußere Windlicht etwas Wasser füllen und das kleinere Windlicht mit einer Stumpenkerze hineinstellen.
- Den Zwischenraum zwischen den beiden Windlichtern mit den weißen Blütendolden rundum dekorieren. Die Blüten dabei in unterschiedlichen Höhen platzieren, gerne auch mal schräg, das macht alles interessanter. Achte darauf, dass die Stängel im Wasser stehen, damit sich die Dekoration lange hält. Ansonsten sind deiner Kreativität keine Grenzen gesetzt.
- Fertig ist eine tolle Deko!

LÖWENZAHN

Was hört man da auf den Wiesen brüllen? Ist es der Wiesen-Löwe – der Löwenzahn? Oder nennst du ihn Pusteblume? Vielleicht auch Kuhblume oder Butterblume – weil Kühe die gelben Blüten lieben, und wenn sie viel davon futtern, ihre Butter schön gelb wird.

SO SIEHT ER AUS

Den Löwenzahn erkennt man an seinen länglichen, gezackten Blättern und seinen leuchtend gelben Korbblüten, die sich dann bald in flauschige Pusteblumen verwandeln. Die Pflanze wird bis zu 50 cm hoch.

Du findest den Löwenzahn häufig auf Brachflächen. Aber auch Wiesen, Wegränder, Äcker, lichte Wälder und Gärten besiedelt er gern.

Die Blätter...

- wachsen in Rosetten,
- sind lanzenähnlich und scharf gezähnt – ähnlich wie „Löwenzähne“...,
- strotzen vor Formen-Vielfalt, jedes seiner gezähnten Blätter hat eine individuelle Form.

Die Stängel...

- sind hohl und glatt,
- tragen jeweils nur eine Korbblüte,
- werden 10–30 cm hoch,
- führen, wie die ganze Pflanze, weißen Milchsaft.

Die Blüten…

- erscheinen hauptsächlich von April bis Mai,
- sind sonnengelbe Korbblüten, die nur aus Zungenblüten bestehen.

Die Samen…

- stehen in kugeligen Fruchtständen, besser bekannt als Pusteblumen,
- sind Flugfrüchte mit Fallschirmen.

Die Wurzeln…

- sind außen dunkelbraun bis schwarz,
- sind fleischige, bis zu 1 m lange Pfahlwurzeln.

NICHT VERWECHSELN

Es gibt eine ganze Reihe von Doppelgängern unter den gelb blühenden Pflanzen, die ebenfalls essbar sind. Es steht nur eine wirklich gefährliche Pflanze in der Liste der Verwechsler: das Kreuzkraut. Wenn du richtig hinschaust, gibt es gar nicht so viele Ähnlichkeiten, aber gerade wenn keine Blüten sichtbar sind, sollten Sammler sehr vorsichtig sein!

FERKELKRAUT

- hat rundere Einbuchtungen in den Blättern,
- hat keine hohlen Blütenstängel.

WIESEN-PIPPAU

- hat rauere Blätter,
- hat mehrere Blütenköpfe pro Stängel.

JAKOBS-KREUZKRAUT

- hat leierförmig fiederteilige Laubblätter mit Öhrchen an der Basis,
- hat unangenehm riechende Blätter,
- hat mehrere Blütenköpfe pro Stängel.

SONNENSEITEN DES LÄSTIGEN LÖWENZAHNS

Der sonnige Löwenzahn mit seinen leuchtend gelben Blütenköpfen, den wunderschönen Pusteblumen und seinen markant gezahnten Blättern ist eines der bekanntesten regionalen Wildkräuter. Weniger bekannt sind seine Eigenschaften als Heilpflanze, zum Verspeisen und zur Dekoration.

Fröhlich und leuchtend schmückt der Löwenzahn die Wiesen.

Gut für Verdauung und Nieren ...

Dieses Kraut ist eine tolle Ergänzung für deinen Speiseplan und hilft auch gegen alle möglichen Wehwehchen, zum Beispiel im Magen-Darm-Trakt oder in den Harnwegen. Von der Wurzel bis zur Blüte sind alle Pflanzenteile verwertbar. Wenn wir uns seine strahlenden Blüten und seine starken Pfahlwurzeln, die sogar Beton sprengen können, ansehen, ahnen wir schon seine unheimliche Vitalität.

... und so lecker

Im frühen Frühjahr, noch vor der Blütezeit, sind die Blätter besonders lecker, da sie dann noch nicht so viele Bitterstoffe enthalten. Sie haben einen kräftigen, würzigen, zartbitteren Geschmack, ähnlich dem Chicoree. Du kannst sie das ganze Jahr über perfekt in deinen Speiseplan einbauen. Vom Löwenzahn ist fast alles essbar: die Blätter roh oder gegart, die Wurzel als Gemüse und die Blüten zu Sirup oder Gelee verarbeitet oder einfach als sonnengelbe essbare Dekoration im Salat.

GÄRTNERTIPP

Willst du den Löwenzahn in deinem Garten wirklich loswerden? Dann musst du schon richtig tief graben! Er hat bis zu 1 m tiefe Pfahlwurzeln, die du komplett ausgraben musst, ansonsten treibt sie bald wieder aus!

Falls du im Garten nur verhindern möchtest, dass er sich weiter ausbreitet, musst du die Blütenköpfe abschneiden, bevor die Pusteblumen mit ihren Flugsamen für reichlich Nachwuchs sorgen können.

LÖWENZAHN ZUM VERPUTZEN

Ob Wurzel, Blätter oder Blüte – der Löwenzahn ist in puncto Verwendung ein Allrounder. Die Blätter sind ganz früh im Jahr eine Delikatesse, wenn sie noch kaum Bitterstoffe enthalten. Ab April kannst du dann die Blütenköpfe abpflücken.

LÖWENZAHNBLÜTEN-GELEE

Ein Brotaufstrich, der nach Frühling schmeckt

Zubereitungszeit: ca. 10 Minuten

Für 500 ml

125 g abgezupfte gelbe Blütenblätter

1 l Wasser

1 Bio-Zitrone

1 Vanilleschote

500 g Gelierzucker 1 : 2

- Die Blütenblätter mit 1 l kochendem Wasser übergießen.
- Zitrone in Stücke schneiden, Vanilleschote auskratzen, alles zu den Blütenblättern geben.
- Über Nacht ziehen lassen.
- Blütenblätter abfiltern und kräftig ausdrücken, 900 ml Löwenzahnblüten-Wasser mit Gelierzucker aufkochen, nach Anleitung kochen und in vorbereitete Twist-off-Gläser abfüllen.

LÖWENZAHNBLÜTEN-SIRUP

Kleine Abwandlung des Gelees: Anstatt des Gelierzuckers mit Rohrohrzucker zubereiten, so wird ein toller gelber Sirup daraus.

ERNTE DER BLÜTENKÖPFE

Löwenzahnblüten sammelst du für den vollen Geschmack am besten nach ein paar regenfreien Tagen. Die Blütenköpfe nicht waschen, sondern vor der Zubereitung auf einem hellen Geschirrtuch ausbreiten, damit die Krabbeltierchen fliehen können.

MINI-LÖWENZAHN-QUICHES

Toll als Fingerfood zum Picknick oder zur Party

Zubereitungszeit: ca. 20 Minuten + 30 Minuten Ruhezeit + 40 Minuten Backzeit

Für 12 Stück

200 g Dinkelmehl Typ 630

100 g Butter + etwas Butter zum Einfetten der Muffinformen

1 Ei

1 TL Salz

2 EL eiskaltes Wasser

2 Handvoll Löwenzahnblätter

1 Knoblauchzehe

200 g saure Sahne

200 ml Milch

2 Eier

Je ½ TL Salz und frisch gemahlener Pfeffer

50 g geriebener Emmentaler

- Aus Mehl, kalten Butterstücken, Ei, Salz und eiskaltem Wasser mit den Knethaken des Handrührgerätes einen Mürbeteig herstellen. Mit angefeuchteten Händen aus dem Teig eine Rolle formen, in Frischhaltefolie wickeln und für mindestens 30 Minuten im Kühlschrank ruhen lassen.
- Ein Muffinblech mit 12 Mulden einfetten.
- Löwenzahnblätter waschen, trocknen und fein hacken.
- Knoblauchzehe schälen und sehr fein hacken.
- Saure Sahne mit der Milch und den Eiern verquirlen. Löwenzahn, Knoblauch, Salz und Pfeffer unterrühren.
- Backofen auf 200 °C Ober-/Unterhitze vorheizen.
- Teigrolle in 12 gleich große Stücke schneiden und zu kreisrunden Scheiben ausrollen, mit den Fingern in die Mulden des Muffinbleches legen und mit einer Gabel mehrfach einstechen.
- Löwenzahn-Masse in die Mulden einfüllen, mit etwas geriebenem Emmentaler abschließen, im vorgeheizten Backofen ca. 40 Minuten backen und sofort servieren oder kalt genießen.

LÖWENZAHN-KARTOFFELSALAT

Der beste Kartoffelsalat der Welt!

Zubereitungszeit: ca. 40 Minuten (plus mindestens 1 Stunde Ziehzeit)

Für 4 Portionen

1 kg Frühkartoffeln

2 Handvoll Löwenzahnblätter

1 Zwiebel

3 Gewürzgurken

125 ml Gemüsebrühe

1 TL Senf

2 EL Kräuteressig

3 EL Rapsöl

1 TL Salz

¼ TL Pfeffer, frisch gemahlen

- Kartoffeln waschen und in einem Topf mit kaltem Wasser bedecken, zugedeckt aufkochen lassen und bei mittlerer Hitze 20–25 Minuten garen. Kartoffeln abgießen und im noch heißen Topf auf der ausgeschalteten Herdplatte ausdampfen lassen, bis die Schale trocken ist.
- Während der Kochzeit Löwenzahnblätter waschen und fein schneiden.
- Zwiebel pellen und fein hacken, Gurken fein würfeln.
- Gemüsebrühe mit Senf, Essig, Öl, Salz und Pfeffer verrühren, Löwenzahnblätter, Zwiebel und Gurken dazugeben.
- Kartoffeln pellen, in Scheiben schneiden, noch warm in die Vinaigrette geben und durchziehen lassen, nochmals abschmecken und servieren.

Grünes Salatdressing

Schmeckt super zu grünen oder gemischten Salaten

Zubereitungszeit: ca. 15 Minuten

Für 6 Portionen

1 Bund Lauchzwiebeln

1 Handvoll Löwenzahnblätter

1 Knoblauchzehe

½ Bio-Zitrone

1 TL Ahornsirup

4 EL Rapsöl

1 EL weißen Balsamico-Essig

Je 1 TL Salz, Pfeffer aus der Mühle

- Lauchzwiebeln putzen, Löwenzahnblätter waschen, Knoblauchzehe pellen, Zitrone auspressen.
- Alle Zutaten in einem hohen Gefäß mit dem Stabmixer pürieren und nochmals abschmecken. Falls nötig, mit etwas Wasser verdünnen und kurz vor dem Servieren mit dem vorbereiteten Salat vermischen.

WILDES PESTO

Zu Pasta, zum Würzen oder als Brotaufstrich – ein Traum!

Zubereitungszeit: ca. 15 Minuten

Für 2 Gläschen Pesto à 200 ml

2 Handvoll Löwenzahnblätter

100 g Parmesan

100 g Pinienkerne oder andere Nüsse

1 Knoblauchzehe

150 ml Olivenöl oder Rapsöl

Je 1 Prise Salz und Pfeffer

Etwas frisch gepresster Zitronensaft

- Löwenzahnblätter waschen und gut trockenschleudern.
- Parmesan frisch reiben.
- Pinienkerne oder Nüsse sehr fein hacken oder in einer Kaffeemühle mahlen.
- Knoblauch fein hacken.
- Alle Zutaten in einem hohen Gefäß mit dem Stabmixer pürieren und gut abschmecken.
- In Twist-off-Gläser gefüllt hält sich das Pesto einige Wochen im Kühlschrank.

AUCH LECKER

Versuche das Pesto auch mal mit Giersch oder Brennnesseln.

LÖWENZAHN GEGEN WEHWEHCHEN

Sollten die etwa schon im Mittelalter gewusst haben, was gut für uns ist? Tolle Heilwirkungen hat vor allem die Wurzel. Sie wirkt stimulierend auf das Allgemeinbefinden geschwächter Menschen und lindernd bei rheumatischen Beschwerden, Appetitlosigkeit, Akne, Ekzemen, Magen-Darm-Problemen und Gallenbeschwerden. Als Tee oder Presssaft ist Löwenzahn ideal als Frühjahrskur.

LÖWENZAHN-TEE

Ideal für eine Frühjahrs-Entgiftungskur

Zubereitungszeit: ca. 15 Minuten

2–3 TL zerkleinerte, getrocknete Wurzel und/oder Blätter

- Löwenzahn mit 1 Tasse kaltem Wasser in einem Topf aufkochen lassen, vom Herd nehmen und ca. 10 Minuten ziehen lassen. Abseihen und langsam trinken.
- Als Kur 4–6 Wochen täglich 2–3 Tassen trinken, danach absetzen.

MUCKEFUCK

Der Löwenzahn-Kaffee schmeckt köstlich, regt unseren Stoffwechsel an und hilft bei der Reinigung des Körpers über die Leber und die Nieren.

Zubereitungszeit: ca. 15 Minuten

Löwenzahnwurzel, getrocknet und in Stücke geschnitten

- Die getrockneten Löwenzahn-Wurzelstücke ca. 5 Minuten in einer Pfanne ohne Fett rösten, bis sie gebräunt, aber nicht angebrannt sind, dabei ständig umrühren.
- In einer Kaffeemühle, einem Mixer oder einem Mörser fein mahlen.
- Pro Tasse 1 TL Muckefuck-Pulver mit kochendem Wasser übergießen, 5 Minuten ziehen lassen, durch einen Filter abseihen und genießen.

LÖWENZAHNWURZEL-ERNTE

Im Herbst und Winter kannst Du die kräftige Pfahlwurzel ernten. Aus lockeren Böden lassen sie sich manchmal einfach herausziehen. Besser ist es jedoch, die Wurzel mithilfe eines Spatens, einer Grabegabel oder Ähnlichem aus der Erde zu heben.

LÖWENZAHN MACHT SCHÖN

Wenn der Löwenzahn im Frühling blüht, lässt sich schnell ein Sträußchen pflücken, das in einem Becher oder einer kleinen Vase eine tolle Figur macht. Auch ein Kranz aus Blüten schmückt Tisch und Tür in fröhlichem Gelb. Ganz raffiniert ist aber die Deko aus den Pusteblumen.

WIESENKRANZ

Ein Kranz ist wunderschön und einfach selbst gemacht. Neben Löwenzahn könnten noch Gänseblümchen und Grashalme mit von der Partie sein. Der Kranz kann als Willkommensgruß an die Tür gehängt werden oder vielleicht uns selber bei einem Gartenfest als Haarschmuck dienen.

Bastelzeit: ca. 30 Minuten

Papierumwickelter Rebdraht

Viele Blüten mit ungefähr 5 cm langen Stängeln

Dünner Schmuck-Wickeldraht

- Den Rebdraht zu einem Ring in Blumenkranz-Größe biegen.
- Aus 3–5 Blüten kleine Sträuße vorbereiten, die jeweils mit einem Stück Wickeldraht zusammengebunden werden.
- Den Wickeldraht am Drahtring verknoten und bei jeder folgenden Umrundung ein Sträußchen dachziegelartig an dem Ring befestigen, so dass die Blüten die Stängelenden der Vorrunde überdecken bis der komplette Ring geschlossen ist.

LÄNGERE FREUDE

Länger hält der Kranz, wenn er in einer Schale mit Wasser liegt.

DEKO MIT PUSTEBLUMEN

Pusteblumen sind ein kleines Wunder – du kannst sie konservieren und daraus schöne Dekorationen basteln.

Bastelzeit: ca. 10 Minuten

Einige verblühte Löwenzahn-Blütenköpfe, die kurz vor dem Öffnen der Pusteblumen sind

Fester Blumendraht oder Holzspieße

- In die Stängel den Blumendraht oder Holzspieß stecken.
- Die Stängel aufrecht auf eine Styroporplatte oder in einen Steckschwamm stecken.

VERWANDLUNG

Innerhalb von 1–2 Tagen öffnen sich die Pusteblumen. Dazu reicht ihre Kraft aus, aber nicht mehr um die Schirmchen wegfliegen zu lassen. Welch ein Glück für uns, so können wir aus den Pusteblumen schöne Tischdekorationen basteln.

SERVICE

ERNTEKALENDER

BRENNNESSEL		ERNTEZEIT
Blätter		ganzjährig
Blüten		werden nicht verwendet
Samen		August bis Oktober
Wurzel		Herbst und Winter

GIERSCH		ERNTEZEIT
Blätter		ganzjährig
Blüten		Mai bis Juni
Samen		Juli bis September
Wurzel		wird nicht verwendet

LÖWENZAHN		ERNTEZEIT
Blätter		ganzjährig, am schmackhaftesten vor der Blüte
Blüten		ab April (Hauptblütezeit)
Samen		werden nicht verwendet
Wurzel		Herbst und Winter

Brennnesselblätter kannst Du sogar im Winter ernten. Noch mehr Wildkräutergenüsse in der kalten Jahreszeit findest Du im Buch „Wildkräuter im Herbst und Winter" von Janine Hissel und Liesa Rechenburg.

Bildquellen

Alle Food-Fotografien und das Cover-Motiv stammen von Sabrina Sue Daniels (www.sabrinasue.de).
Alle Pflanzen-Fotografien stammen von Frank Hecker (www.naturfoto-hecker.com), mit Ausnahme von:
EZ2LA/Shutterstock.com: S. 67 re.
galsand/Shutterstock.com: S. 39 o.
Helga Fluey/Shutterstock.com S. 39 Mi.
Keith Hider/Shutterstock.com: S. 5
KOTOIMAGES/Shutterstock.com: S. 88/89
Manfred Ruckszio/Shutterstock.com: S. 38 u.
Nikita Burdenkov/Shutterstock.com: S. 6
SneSivan/Shutterstock.com: S. 12 li.
VasylMartynenko/Shutterstock.com: S. 10/11.
Die Icons stammen von Susanne Junker (www.redsign.de).

ZUM WEITERLESEN

- Beiser, R. (2018): Unsere essbaren Wildpflanzen: Bestimmen, sammeln und zubereiten. Kosmos-Verlag, Stuttgart.
- Bosch, M. (2020): Wildkräuter am Blatt erkennen: 66 essbare Arten. Kosmos-Verlag, Stuttgart.
- Bühring, U. (2020): Alles über Heilpflanzen; Erkennen, Anwendung und gesund bleiben. Verlag Eugen Ulmer, Stuttgart.
- Fleischhauer, S. U. u.a. (2014): Essbare Wildpflanzen. AT Verlag, Aarau.
- Greiner, K (2016): Superfood Heimische Wildpflanzen: Power aus Garten, Wald und Wiese, Verlag Eugen Ulmer, Stuttgart.
- Hissel, J., Schwarzer, E. (2021): Das kleine Unkraut-Kochbuch. Verlag Eugen Ulmer, Stuttgart.
- Hissel, J., Rechenburg, L.(2022): Wildkräuter im Herbst und Winter. Verlag Eugen Ulmer, Stuttgart.
- Höller, A.,Grappendorf, D. (2019): Essbare Wildsamen: Finden, sammeln, vielseitig genießen. Verlag Eugen Ulmer, Stuttgart.
- Müller, F., Ritz, C.M., Welk, E., Wesche, K.(2021): Rothmaler – Exkursionsflora von Deutschland. Gefäßpflanzen: Grundband; 22. neu überarbeitete Auflage. Springer Spektrum Verlag, Heidelberg.
- Rechenburg, L. (2019): Dort oben sehe ich euch wachsen. Heilkräuter aus den Bergen – finden und anwenden; Verlag Löwenzahn, Innsbruck.
- Schalk, S. (2016): Die Kraft der Wurzeln: Verborgene Schätze unserer Heilpflanzen. Verlag Eugen Ulmer, Stuttgart.
- Schneider, C. (2021): Wildkräuter finden. Der Blitzkurs für Einsteiger, Verlag Eugen Ulmer, Stuttgart.
- Wurft, M. (2020): Mein Wildkräuter-Buch: 30 essbare Pflanzen entdecken, sammeln und genießen, Verlag Eugen Ulmer, Stuttgart.

DIE AUTORIN

JANINE HISSEL ist auf dem Land aufgewachsen und in der Natur groß geworden. Wildkräuter sind ihre große Leidenschaft. Mehr Hintergründe zu erfahren, Zusammenhänge besser zu verstehen und das eher zufällig gesammelte Wissen zu vervollständigen - viele Gründe haben sie dazu veranlasst, 2014 die Ausbildung zur Kräuterpädagogin zu absolvieren und dann noch eine Weiterbildung zum Thema „Grüne Hausapotheke" zu machen. Seitdem bietet sie Kochevents, Seminare und Kräuterwanderungen im Raum Aachen / Würselen an (**www.wald-und-wiesenblumen.de**).

SCHNELL NACHGESCHLAGEN

REZEPTE

IMPRESSUM

Die in diesem Buch enthaltenen Empfehlungen und Angaben sind von der Autorin mit größter Sorgfalt zusammengestellt und geprüft worden. Eine Garantie für die Richtigkeit der Angaben kann aber nicht gegeben werden. Autorin und Verlag übernehmen keine Haftung für Schäden und Unfälle. Bitte setzen Sie bei der Anwendung der in diesem Buch enthaltenen Empfehlungen Ihr persönliches Urteilsvermögen ein.

Der Verlag Eugen Ulmer ist nicht verantwortlich für die Inhalte der im Buch genannten Websites.

Anmerkung zur Schreibweise (Gendering): Gendergerechtigkeit und Inklusion sind bei uns gelebte Praxis – bei der Auswahl unserer Themen, bei der Recherchearbeit, in der Gestaltung. Unsere Texte meinen alle. Damit unsere Inhalte jedoch gut lesbar bleiben, verzichten wir in diesem Werk auf die jeweilige Mehrfachnennung oder Anpassung der Schreibweise bestimmter Bezeichnungen an die weibliche, männliche oder diverse Form.

Bibliografische Information der Deutschen Nationalbibliothek
Die Deutsche Nationalbibliothek verzeichnet diese Publikation in der Deutschen Nationalbibliografie; detaillierte bibliografische Daten sind im Internet über http://dnb.d-nb.de abrufbar.

Das Werk einschließlich aller seiner Teile ist urheberrechtlich geschützt. Jede Verwertung außerhalb der engen Grenzen des Urheberrechtsgesetzes ist ohne Zustimmung des Verlages unzulässig und strafbar. Das gilt insbesondere für Vervielfältigungen, Übersetzungen, Mikroverfilmungen und die Einspeicherung und Verarbeitung in elektronischen Systemen.

© 2023 Eugen Ulmer KG
Wollgrasweg 41, 70599 Stuttgart (Hohenheim)
E-Mail: info@ulmer.de
Internet: www.ulmer.de
Projektleitung: Helen Haas
Konzept: Christine Hutschenreuther
Lektorat: Sabine Drobik
Herstellung: Isabell Scherrieble
Umschlaggestaltung: Antje Warnecke, nordendesign.de
Gestaltung und Satz: Susanne Junker,
www.redsign.de, Stuttgart
Reproduktion: time:ray, Jettingen
Druck und Bindung: Livonia Print, Riga
Printed in Latvia

ISBN 978-3-8186-1762-2